Lena Stromberg

Órbitas não circulares no veículo MC oscilante, em turbilhões e para a luz

Lena Stromberg

Órbitas não circulares no veículo MC oscilante, em turbilhões e para a luz

ScienciaScripts

Cover image: www.ingimage.com

This book is a translation from the original published under ISBN 978-3-659-85664-8.

Publisher:
Sciencia Scripts
is a trademark of
Dodo Books Indian Ocean Ltd. and OmniScriptum S.R.L publishing group

120 High Road, East Finchley, London, N2 9ED, United Kingdom
Str. Armeneasca 28/1, office 1, Chisinau MD-2012, Republic of Moldova, Europe
Managing Directors: Ieva Konstantinova, Victoria Ursu
info@omniscriptum.com

Printed at: see last page
ISBN: 978-620-8-61760-8

Índice:

Capítulo 1 5

Capítulo 2 15

Capítulo 3 21

Capítulo 4 25

Capítulo 5 29

Capítulo 6 34

Capítulo 7 38

Capítulo 8 44

Órbitas não circulares no veículo MC oscilante, em turbilhões e para a luz

Lena J-T Stromberg

O livro cobre uma multiplicidade de pontos de vista e aplicações das órbitas não circulares. Destina-se a todos, para dar uma visão do cosmos e dos fluxos. A base assenta em livros e artigos anteriores, de acesso livre. Pode ser utilizado como complemento em cursos para estudantes de licenciatura e pós-graduação, bem como para fins de diversão individual.

Gratidão aos co-autores invisíveis, a Ulf, Jan, Bertram, Fred, Ben Zinn e outros pela valiosa ajuda com os manuscritos, especialmente Per, Annika, Jens, Johan, Pernilla, Erik, Nico, Maria e Henrik.

Prefácio

No outro dia, quando estava a começar a ler o livro de Max Tegmark, encontrei um velho amigo. Ele estava com pressa e muito ocupado, como de costume, dizendo repetidamente isto e aquilo; tenho de ir. Mas, antes de o fazer, fez um pequeno resumo. Disse que era o mais avançado e que a maioria das pessoas concordaria com ele. Por isso, não li todo o seu conteúdo. O presente texto não vai, portanto, abarcar essa distância, mas os limites do céu, e o que observamos aqui.

Durante a leitura, apercebi-me de que há vários aspectos que abrem oportunidades para ideias alternativas: Ele compara o tamanho da parte do universo que podemos explorar com a Austrália. E para os restantes, há um sinal: "Cuidado com os dragões"! Se ele se refere à vida, então talvez os capítulos 5 e 8 do meu livro anterior não sejam ficção. Estando no sector da construção, podemos dizer que, até agora, é ficção.

Além disso, faz comentários sobre a equação de Schrödinger, relacionados com uma fotografia de uma inscrição antiga. Conclui que ela permanece.

Aparentemente, está a equiparar o mundo pequeno a uma grande velocidade. Recentemente, um matemático disse que a constante de Planck é 1. E, presumivelmente, na física material, as velocidades para pequenas distâncias não são assim tão grandes, mas os estados são maioritariamente regidos por propriedades intrínsecas.

Uma vez que não encontrámos órbitas não circulares, apenas elipsoidais clássicas e trajectórias balísticas, pensámos que são necessários estes capítulos adicionais sobre o universo.

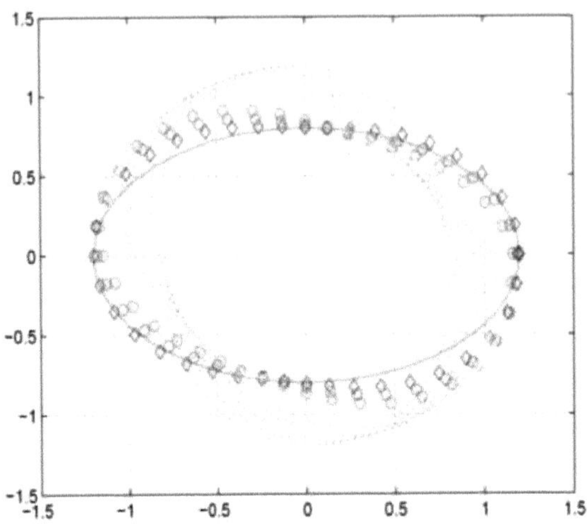
1.5
1
0.5
0
-0.5
-1
-1.5
-1.5
-1
-0.5
0
0.5
1
1.5

Capítulo 1

Bolas giroscópicas como estabilizadores, na oscilação do veículo MC

Lena J-T Stromberg* e Henrik Adelstam**

*anteriormente Departamento de Mecânica dos Sólidos, Instituto Real de Tecnologia, KTH, Suécia e-mail: lena str@hotmail.com

**Estudo do espaço JY

Resumo A estabilidade do MC-wobbling é enquadrada na órbita não circular e é proposto um círculo L para a oscilação. Para aumentar a segurança, é projectada uma dissipação interna com gyro-balls.

Resumo

Muitos sistemas naturais parecem organizar-se em movimentos de órbitas não circulares. Estas são caracterizadas pelo raio principal, bem como por pequenos desvios devidos a uma excentricidade generalizada e a uma oscilação sobreposta com uma frequência e um fator f. As descobertas não são tão exploradas na conceção de novos materiais, pelo que aqui serão propostas algumas aplicações. No caso da oscilação de um veículo de motociclo, uma análise da dinâmica relacionada com um ciclo para f, dá uma visão adicional da estabilidade e das soluções harmónicas. Para evitar grandes deflexões e colapsos, é proposto um dispositivo giroscópico. A base das novas ideias assenta em resultados para a acústica, que são bem conhecidos e facilmente verificados para certos sistemas, principalmente musicais e para planetas.

Figura 1 Veículo MC. À frente: Garfo rigidamente ligado ao dispositivo de direção.

Introdução

A oscilação de um veículo MC é um fenómeno de estabilidade, que se manifesta sob a forma de oscilações com amplitude finita, Hough (2000). Em condições normais de funcionamento, num veículo como o da Figura 1, o movimento é natural e idêntico ao da bicicleta. Para velocidades maiores e um projeto não adequado, a oscilação pode resultar em colapso devido ao aumento da amplitude e à grande deflexão. No presente artigo, sugerimos uma conceção que permite equipar o veículo com um dispositivo de dissipação interna, quando sujeito a velocidades angulares.

Uma vez que o movimento composto, que dá origem ao wobbling, é caracterizado por muitas caraterísticas, os resultados são de grande importância para qualquer projeto onde estejam presentes oscilações, efeitos não lineares, controlo, quantificação, potência e aspectos de memória, em qualquer escala exterior ou interior.

Para obter um pano de fundo, serão deduzidos e aplicados resultados para sistemas dinâmicos, juntamente com resultados para movimentos em órbitas não circulares. Isto dará origem a várias conclusões, benéficas para diferentes objectivos. Com base nesta experiência e em experiências anteriores com uma bola giroscópica, será escolhida uma conceção que evite uma grande deflexão com colapso, em oscilação.

Também, dentro do quadro, são discutidas as ideias opostas, como criar condições com ressonância e grandes forças de impacto. Isto pode dar origem a um spin- e encontrar as suas aplicações, por exemplo, na produção de energia eléctrica em centrais eólicas eólica, e em maquinaria que submete trabalho mecânico.

Resultados

Manutenção de uma oscilação estável

A roda da frente, ao rodar, vai dar um binário de estabilização, ao rodar, que é o equilíbrio habitual de uma bicicleta. Para conseguir um ciclo de f, que parece favorecer a estabilidade, sugere-se um dispositivo deformador, que provoca uma redistribuição da energia. Na rotação, existem as chamadas bolas giroscópicas que podem ser dimensionadas, em proporções adequadas, Figura 2.

Figura 2 Pequenas bolas giroscópicas em dois modelos. A parte interior amarela roda em diferentes direcções.

Estes fornecem binários de reação quando são torcidos para a frente e para trás. O objetivo é o exercício, para fortalecer os pulsos. Para aumentar o efeito, foi construído um punho de torção como protótipo 2003.

Quando ligado à bicicleta, esse dispositivo daria binários interiores, retardados, provocando amortecimento e dissipação, que favorecem a estabilidade.

Discussão

Para estabilizar um motociclo, foi proposto um dispositivo giroscópico, juntamente com uma fundamentação teórica. De um modo geral, um centro de peso baixo é naturalmente estabilizador.

Além disso, diretamente relacionado com o movimento e o binário, poderia ser um estabilizador giroscópico, concebido em termos de uma roda rotativa (horizontal). Com indicações para o condutor, quando sujeito a uma curva para a esquerda-direita, dará mais contacto à roda dianteira, mas para a direita-esquerda, menos contacto. Presume-se que este último não é seguro, por exemplo, se o dispositivo de direção for muito movimentado, enquanto a roda estiver no ar.

Se, em vez disso, tivesse a mesma orientação que a roda da frente, mas não estivesse em contacto com o solo, contribuiria para a direção nas deflexões esquerda e direita. Por conseguinte, é necessário fornecer pequenos acréscimos para não exagerar, ou estar ligado a um controlo da roda traseira.

Uma análise adicional forneceria a orientação, o locus e as rotações para dar ressonância. Esta é também uma derivação para outras ideias. A ressonância pode ser benéfica na conceção industrial, por exemplo, para gerar energia eléctrica em moinhos de vento. Além disso, para produzir uma grande ação mecânica em máquinas, esta disposição é adequada, uma vez que, em caso de ressonância, a deflexão produz uma grande força de impacto como um martelo nas peças adjacentes.

Outro melhoramento de uma conceção dinâmica são os barris com líquido, que dão uma inércia que amortece. Estes são colocados em edifícios altos, para reduzir as vibrações no solo, por exemplo, em caso de terramotos.

Conclusão da análise de fundo

O método baseou-se numa análise dinâmica não linear. Para determinar os pormenores do movimento, foi analisada a captura num arco não circular, caracterizada por (1) e Tti. A dependência de Tti implica uma memória da função harmónica antes do contacto e um futuro que pode ser simétrico com o passado em termos de tempo e de alteração da amplitude. A simetria é possivelmente regida pelo fator f. Se uma deformação interna der origem à mudança de movimento, por exemplo, se o condutor se inclinar na direção horizontal esquerda, f pode ser um, por exemplo, a rotação planetária com distorção. Se o contacto for de maré, recolhendo e dissipando energia, f pode ser dois. (f pode ter valores diferentes para o movimento do dispositivo de direção e para todo o movimento da esquerda para a direita). Um movimento duodécimo também é possível, e uma análise adicional em relativamente às formas e à energia pode fornecer mais informações sobre o que é mais plausível e determinante.

O ciclo f pode ser regulado, começando com f=1, quando o condutor se inclina, e o conceito materializa uma bela montagem entre a matemática abstrata e o design industrial real.

Materiais e métodos

Modelos para vibração livre, binário exterior e funcionais para memória

Em caso de oscilação, as equações para as vibrações livres dão origem a oscilações nas duas direcções com amplitudes limitadas finitas. A frequência própria é a mesma para ambas as oscilações e depende da velocidade angular da roda dianteira, do momento de inércia da roda dianteira, do momento de inércia do garfo mais o dispositivo de direção e do momento de inércia do condutor mais o veículo menos a roda dianteira.

Observação. O subsistema com roda dianteira e forquilha rotativas e dispositivo de direção está sujeito a uma força giroscópica perpendicular (estabilizadora), quando o dispositivo de direção é movido.

As acções no sistema a partir do exterior são proporcionadas pelo contacto com o solo. Estão presentes acções interiores, por exemplo, quando o condutor move o dispositivo de direção. Ambas podem ser modeladas com dissipação e dependência constitutiva para a memória (a chamada memória material ou forças materiais Gurtin et al (1996), Auricchio et al (2008), Tillberg et al (2010)), para obter a solução harmónica.

Para o contacto com o solo, o binário está dentro do conceito da chamada força configuracional, Gurtin et al (1996), Runesson et al (2009). No contacto inicial, o diferencial é diferente de zero, e o valor inicial num harmónico é dado pelo movimento livre, se o tempo de contacto for suficientemente longo. Quando o contacto é mantido, o binário satisfaz as equações de movimento. No fim do contacto, o integral do binário continua a ser diferente de zero. É provável que a ação do condutor ao dirigir seja aplicada principalmente como um ângulo, ou velocidade angular.

Discussão sobre a quantificação e as constantes naturais

O que parece ser significativo é o tempo de contacto, e é interessante investigar se existem quantificações e relações com a frequência própria em termos de constantes naturais. Isto é plausível, uma vez que o oscilador harmónico se mantém e não é forçado a entrar em ressonância. Também pode haver uma mudança para grande amplitude e colapso, que pode ser uma ressonância ou uma captura num caminho de solução hiperbólico.

O conceito de memória admite uma descrição geral e a adoção do kernel de Strömberg (2008), encontrado por Tricomi (1957), pode dar origem a um modelo linear de contacto (de tal forma que o binário de contacto cresce de zero até um determinado valor linear no tempo e, no final do contacto, diminui linearmente), que pode ser integrado no quadro quando as coordenadas espaciais são alteradas para o tempo. Strömberg (2008) mostra como uma função parabólica envolve o núcleo e os valores máximos e a largura são determinados por parâmetros. Uma análise mais aprofundada desta situação pode fornecer informações sobre o tempo de contacto, a quantificação, etc.

Em conclusão: O contacto pode ser incluído na equação de equilíbrio e assim determinado pelo movimento dando condições iniciais. Depois, o contacto determina o movimento com vibrações forçadas durante um curto período de tempo.
Ou o contacto, pode ser constituído como força configuracional ou força material para

depender de uma memória funcional.

Acima, foram discutidas duas opções para descrever os fenómenos. De seguida, propomos uma modelação com o arco de uma órbita não circular, e o conceito de memória de Tti, Strömberg (2015).

Modelo com conceitos de órbitas não circulares

Preliminares. No que diz respeito à dissipação e ao fornecimento de energia, assumimos a redistribuição da velocidade, o fornecimento (ou perda) interior na ação do condutor e as perdas por fricção no contacto (ou fornecimento devido aos ressaltos nos pneus). Uma descrição detalhada é não linear, resultando num sistema com caos, para o pequeno incremento de tempo de contacto. Aparentemente, isto não é descritivo em caso de oscilação, uma vez que as soluções harmónicas dominam. Descrevendo apenas a cinemática, o movimento no contacto, para o centro de massa de todo o sistema, é alterado de um movimento circular para um arco distorcido, Strömberg (2014).

Proposição "Círculo L". Consideremos um ponto de raio ro acima do centro de rotação. Em contacto suave (com vibrações livres), a velocidade é dada por

por GM. numa órbita circular. Assume-se outro contacto, que altera um ou todos os seguintes aspectos;

- a velocidade,
- a localização um pouco num círculo ou numa translação,
- a localização do centro de rotação,
- a energia do valor previamente constante de um Hamiltoniano.

Então, existem (se também incluirmos valores arbitrariamente pequenos) f, re e t tais que a órbita será não circular c.f. Strömberg (2014)

$$r = r_o + r_e \sin(f\omega_0 t) \qquad (1)$$

Prova. Para valores arbitrariamente pequenos da excentricidade generalizada, re, uma

transição para o caminho (1) é suave e também admite que f seja discreta ou mude com quanta finitos.
Uma vez que também um futuro, se for simétrico, dará origem a um contacto cessado e, desta forma, o movimento de oscilação mantém-se.

Poderiam ser descritas amplitudes e mudanças arbitrariamente grandes e também um colapso (que está relacionado com a ressonância ou, se instantaneamente, com um quadro sónico, Strömberg (2015))

Até à data, apenas são obtidos resultados qualitativos. Para obter resultados quantitativos, são necessários pressupostos. Dada a simetria, o fator f é possivelmente 2, devido ao contacto repetido, mas f pode também atingir valores dentro de um ciclo. De seguida, serão deduzidos os preliminares e o chamado ciclo pop.

Largura dos valores de f, e um ciclo

Em primeiro lugar, discutiremos o fator f e os seus valores discretos. É definida uma extensão Galois de valores discretos para f. Esta e as funções sobre f resultarão num ciclo.

O fator 3/2 ocorre quando emana da acústica, memória com harmónica e geometria como $2^{7/12}$, 3/2 e p/2 respetivamente. Isto será utilizado para assumir uma envolvente para f ou ângulo, como uma largura.

Definição: a largura envolvente, abreviadamente designada por surr, é definida como

surr=max(abs$(\pi/2-3/2)$, abs$(\pi/2-2^{7/12})$)

O surr será utilizado como uma extensão Galois de valores discretos de f para derivar um ciclo.

Teorema f-ciclo: O conjunto [1, 2, ln2, 3/2, 3] onde os valores estão dentro de surr, com as operações ('se maior que 2, então ln' e 'se menor ou igual a 2, então dobro') é um grupo e um ciclo sobre os racionais.

Prova: Ver o código matlab abaixo no Exercício 1, mas assumir um surr, tal que os valores no conjunto são mantidos e uma iteração de ponto fixo não converge.

Observação 1: Assume-se tacitamente que o surr está relacionado com a dispersão e a dissipação em interação com o meio envolvente, por exemplo, para uma onda sonora ou ondas de água, ou sistemas dinâmicos compostos.

Observação 2: O teorema *do ciclo f* pode ser designado por *ciclo pop,* porque, para ser um ciclo, é necessário "pop" os valores com surr.

Exercício 1. Sem a envolvente; determinar o número de ciclos (a partir do valor inicial 1), até que o valor atinja um ponto fixo.

A solução com o código matlab é fornecida:

```
x(1)=1

for i=2:30

x(i)=log(2*2*log(2*x(i-1)));

fim
```

x= 1.0000 1.0198 1.0476 1.0848 1.1308 1.1830 1.2369 1. 2873 1.3305 1.3647 1.3904 1.4088 1.4215 1.4302 1.4360 1 .4398 1.4424 1.4440 1.4451 1.4458 1.4463 1.4466 1.4468 1.4469 1.4470 1.4470 1.4471 1.4471 1.4471 1.4471

Exercício 2. Discuta onde esta energia dissipada pode ser recolhida e libertada num sistema físico.

Aplicação ao ciclismo: Suponhamos inicialmente que o condutor se inclina e que uma mudança no centro de massa dá uma contribuição para o movimento horizontal que é maximizado quando f=1. Introduzimos então tacitamente o centro de massa e a densidade, e podemos calcular a energia cinética adicional. Com um quadrado de velocidade, esta depende de uma função trigonométrica do dobro do ângulo. Isto implica uma dependência de f=2.

Nas marés, f=2 está relacionado com a recolha e a redistribuição da energia potencial, por exemplo, da água na terra. Para este sistema, uma distribuição para manter a vibração livre pode ser determinante.

Duas frequências, densidades e harmónicos podem implicar uma dependência de ln(of ratio), c.f. Avd em Strömberg (2015), para manter um sistema estável. Isto dá f=3/2 e, se houver mais energia disponível, a oitava (ou seja, o dobro) desta dá 3.

Com os métodos acima referidos, passamos da análise para a conceção industrial macroscópica com resultados para órbitas não circulares, apresentados em Strömberg (2014).

Capítulo 2

Quantificação e limites naturais da exponencial para o ângulo

Palavras-chave: Expansão em série, quantum, decomposição multiplicativa do ângulo, complexo, dualidade, soliton, densificação solitonial, surr, surri

Introdução

Um pêndulo ou oscilação em tempos discretos, pode ser descrito com a sua amplitude. Aqui, será derivado que alguns valores tais como abs(ângulo)=1, podem ter um papel significativo, para determinar o comportamento, em termos de estabilidade, descrito com dependência funcional.

Este resultado permite uma descrição da dualidade, com as equações para solitões e densificações solitárias, c.f. Strömberg (2015).

Em Strömberg (2016), derivámos uma variação para o valor 1, que emana de um ângulo racional e da decomposição multiplicativa em ângulos. Essas variações também foram derivadas como diferentes valores de 3/2 e denotadas 'surr'. Foi também considerado como uma incerteza. Aqui, a incerteza no imaginário i, será analisada, derivada das definições.

Manutenção de uma oscilação estável

Em S(2016), o ângulo theta=1, ou $\pi/3$, foi calculado, com a teoria dos números. Aqui vamos assumir que desempenha um papel, como ângulo máximo, na deflexão e na mudança para uma oscilação constante. Considere o produto $f\phi$, e as funções $\sin(f\phi)$ num corpo (rígido) que ocasionalmente se pode deformar. Nas rotações planetárias, f=1 dá uma contribuição máxima para a trajetória orbital.

Hipótese le. Para um oscilador harmónico, dada energia adicional, que é absorvida como deformação interior, o movimento estável do corpo rígido pode manter-se. Posteriormente, este facto será referido como o princípio da exponencial limitada, le.

Valores numéricos

Como ponto de partida, utilizamos uma relação simples entre o ângulo 4> e o tempo t, lendo $\phi = C \exp(f\omega_0 t)$, onde C, f e ω_0 são constantes.

Uma expansão da série sobre $\phi = v_0$ gives

$\phi = v_0(1+\Delta f v_0)$, em que se pressupõe que f varia, por exemplo, com a área envolvente.

Outra expressão para a variação do ângulo é fornecida assumindo equipresença tal que $\phi = v_0+\Delta f$ or $\phi = v_0-\Delta f$, ou seja, a mesma variação que para f.

Uma combinação dá abs(v0)=1.

O movimento pode ser regido pela mecânica quântica, de modo a que os incrementos de ângulo e f sejam dados por um determinado valor. O quantum pode emanar de uma deslocação de f, com origem, por exemplo, em

*geometria, como uma alteração da área numa curvatura aumentada

*alteração da geometria para um círculo mais discreto

*O ciclo derivado no Capítulo 1

Em conclusão: Um resultado notável; 1 foi obtido a partir de muito poucas suposições, apenas que deve ser o mesmo quantum para o ângulo como para f, mas a magnitude não precisa ser especificada

Figura 2.1 Mapa e ciclos. Artista Ann-Britt Âleheim

Mudança da solução de hiperbólica transitória para harmónica estável.

Corolário. Supondo que o ângulo é composto como um produto, as soluções são também as imaginárias, i e -i. O movimento transforma-se então num harmónico.

Observação. O valor 1, de ângulo, não tem uma origem exacta, de modo que a elevação, por exemplo, ao oscilar, não pode ser comparada exatamente com essa grandeza.

Aqua-plano

Uma solução mais determinística que apresenta este comportamento é a do aquaplano. Em seguida, um modelo não linear, dá o movimento rápido (exponencial), mas limitado, e depois uma mudança de direção.

O Hamiltoniano normalizado que descreve os fenómenos é

$$H=(dt\varphi)^2+a0\varphi^2+a1\varphi^3-a2\varphi(dt\varphi)^2$$

Quando o amortecimento é desprezado, a simulação é feita para uma energia constante H, correspondente à velocidade inicial, que, se o movimento for periódico, é igual à velocidade máxima e determina a frequência própria, cf. Figura 2.2.

Para o maior a1, o ângulo máximo positivo será pequeno e a aceleração é grande no ponto de viragem positivo, de tal modo que a velocidade negativa provoca uma viragem para trás. Para a1 moderado, há um movimento periódico, com um ângulo negativo máximo maior e uma aceleração e velocidade mais lentas no ponto de viragem negativo, de tal modo que se passa mais tempo "lá". Para H mais pequeno e a1 maior, o comportamento é um movimento periódico estável, como se vê no círculo mais interior.

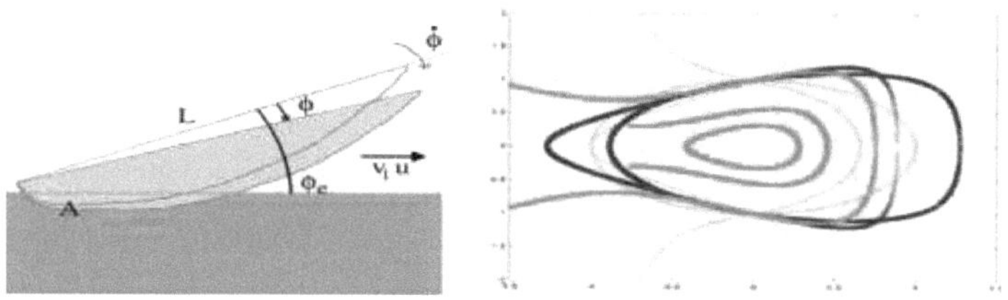

Figura 2.2. Retrato de fase dtp versus p para o Hamiltoniano H=1, e parâmetros

[a0, a1, a2]=[1,-0.3, 0.7], [1,0, 0], [1,0.3,1], [1,1,1], [1,2,-1], e H=0.3[1,1,1], H=0.1[1,1,1], da direita para $(d_t\varphi,\varphi)=(0,1.5)$, e divergindo em $\varphi=0.5$; H=1[1,0, 2].

Solitonial em caraterística. Dualidade

Em S(2016), as trajectórias para a luz foram descritas como um flop de Fobury. Nesse caso, o fim da trajetória corresponderia ao da Fig. 2.3. Isto acontece, por exemplo, quando a luz se materializa como uma estrela polar, ou depois de atingir a pupila.

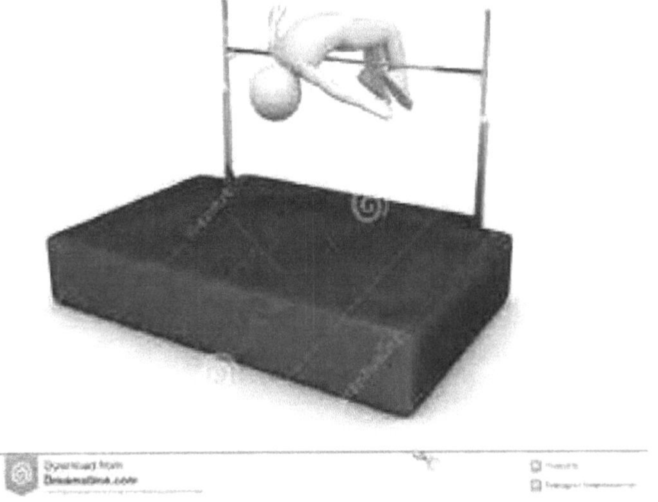

Figura 2.3. Ilustração invulgar da Ursa Maior, no topo do mundo.

A trajetória da luz considerada simultaneamente como uma onda e como uma partícula de matéria (ou densidade), é a chamada dualidade, que é referida na física a diferentes níveis.

Aqui, este aspeto será aprofundado, em conjunto com os resultados para solitões e densificações solitárias S(2015) com a mudança para uma solução imaginária para o ângulo.

Hipótese. Dualidade. Tendo estabelecido soluções, tais que a dependência funcional para o ângulo muda entre real e imaginário 1,-1, i, e -i, vamos revisitar uma equação diferencial com soluções hiperbólicas. Em S(2015), foi derivado como uma equação de soliton pode ser reescrita nas caraterísticas. Assumindo uma relação linear entre o ângulo e o argumento das caraterísticas, a densidade será uma função do ângulo. A equação linearizada em S(2015) terá então soluções harmónicas, para o argumento imaginário. Considerando a equação tanto linearizada como com a solução de densificação solitária, obtém-se uma dualidade onda-partícula.

Exercício.

Compare os resultados acima com

*outros modelos por correspondência

*Comprimento de onda de De Broglie

*Conceito de fração de volume

*Luas pastoras em anéis planetários

Observação. Em Arnold (1989), a equação de Korteweg de Vries é analisada em termos de integrais, bem como outros resultados e interpretações.

Incerteza para números complexos

A extensão ao argumento imaginário foi um resultado natural da decomposição multiplicativa. Aqui, esta será utilizada para obter um quantum também para números imaginários. Este conterá uma parte real e, a partir daí, a derivada em S(2016), pode ser alargada a um número complexo.

Teorema Ai *-ângulo:* Por definição i= exp(in/2). Assim, Ai=surr(i- n/2)/(1+n^2/4)

Prova: Diferenciação da função, assumindo que a rotação é para n/2.

Corolário: Assim, o sur pode ser resolvido como um número complexo surri

Supondo que este surri ou Ai seja libertado como força interna e seja determinante para o sistema, obteremos um determinado comportamento

- As soluções serão harmónicas com uma amplitude
- Haverá amortecimento para um determinado Ai. Isto pode ser interpretado como um avanço no tempo, se o incremento do ângulo for expresso como um produto da frequência (velocidade angular) e do incremento de tempo.

- O amortecimento e a nova frequência estão relacionados. Este é também um resultado da análise dinâmica para um dof. Para vários dof, existe o chamado amortecimento de Rayleigh, que é uma combinação linear da matriz de massa e da matriz de rigidez.

Conclusão

A partir de pressupostos quânticos, foram obtidos valores numéricos para o ângulo, obtendo-se abs(v0)=1, sendo v0 real ou imaginário.

Foi proposta uma extensão à incerteza complexa. Para a derivação, utilizámos a definição de i, e diferenciámos, assumindo surr para o ângulo real.

O ângulo pode ser identificado como a maior amplitude, para uma órbita, por exemplo, a maior deflexão, em oscilação.

Capítulo 3

Homologia para o toro, como um corpo real

Palavras-chave: corpo-homologia, escalonamento , topologia, donut, extrapolação, céu

Introdução

Em matemática (especialmente em topologia algébrica e álgebra abstrata), a homologia (em parte do grego homos "idêntico") é uma forma geral de associar uma sequência de objectos algébricos, como grupos abelianos ou módulos, a outros objectos matemáticos, como espaços topológicos.

Aqui, trataremos os espaços topológicos como corpos materiais reais e contínuos. Assim, a homologia é uma ferramenta poderosa para obter soluções para movimentos e formações de corpos reais sem efetuar cálculos. Para esse efeito, será designada por homologia de corpos. Consideramos em primeiro lugar o toro. Para ser um corpo real, é necessário invocar o escalonamento dos ângulos

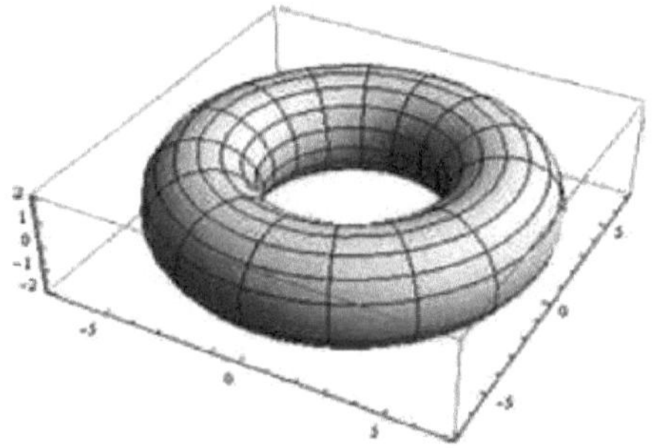

Transformação de um toro topológico num toro real

Se o toro deve ser homólogo a um toro real no espaço cartesiano real, não podemos ter a representação com anjos semelhantes.
Portanto, a partir deste momento, vamos considerar um escalonamento, de modo que os ângulos sejam representados como produtos.

Definição. O primeiro ângulo correspondente à circunferência maior é designado por ϕ_{1a} e o outro ângulo por ϕ_{2a} onde $\phi_{1a}=a\phi_1$ and $\phi_{2a}=\phi_2/a$

Estes mapeamentos serão objeto de uma análise mais aprofundada nos capítulos 5 e 6.

Exemplo: Uma homologia é fornecida por um arco de círculo no toro. Isto pode ser explorado para determinar a incerteza do raio e a representação com uma órbita não circular S(2014) num espaço plano. Também reescrevendo o ângulo como otot, e identificando ângulos diferenciais com raios diferenciais, obtém-se uma ligação entre as dimensões do tempo e do espaço.

Na modelação, é importante identificar quando certas matemáticas e restrições são tacitamente assumidas. Isto, para manter a liberdade e extrapolar para outros sistemas. Uma extrapolação que muitos querem alcançar é a dos modelos de fronteiras do céu e das fronteiras do universo.

Na modelação, é importante identificar quando certas matemáticas e restrições são tacitamente assumidas. Isto, para manter a liberdade e extrapolar para outros sistemas. Uma extrapolação que muitos querem alcançar é a dos modelos de fronteiras do céu e das fronteiras do universo.

Além disso, a matéria que não podemos ver, como a matéria que a luz incorpora, os campos electromagnéticos, a forma dos objectos astronómicos, a textura das dimensões adicionais e os buracos negros podem ser mais facilmente visualizados com a homologia.

Em S(2016), foi dada uma solução discreta e, assumindo que a luz se incorpora num toro desta forma, aparecerá como 4 pontos discretos. Esta questão será aprofundada no Capítulo 6.

Fronteiras para o céu

Frequentemente, em geometria diferencial, as condições de fronteira são invocadas como uma superfície lisa e, por vezes, isto é negligenciado. Por exemplo, em Fulton (1997) diz-se que um toro é isomorfo de um plano com um buraco. Nesse caso, a suavidade não é introduzida e o ângulo não é definido senão para um intervalo finito. O exemplo de Fulton (1997), de um toro com um buraco, pode servir como um modelo muito plausível de uma fronteira no Universo.

Suponhamos que estamos dentro de um toro e que queremos ver o que está lá fora. Então, abrindo um buraco no toro, obteremos outro corpo. É isomorfo ao toro, até certo ponto, com certas operações (bastante extensas), como descrito em Fulton (mas não como na figura à esquerda abaixo).

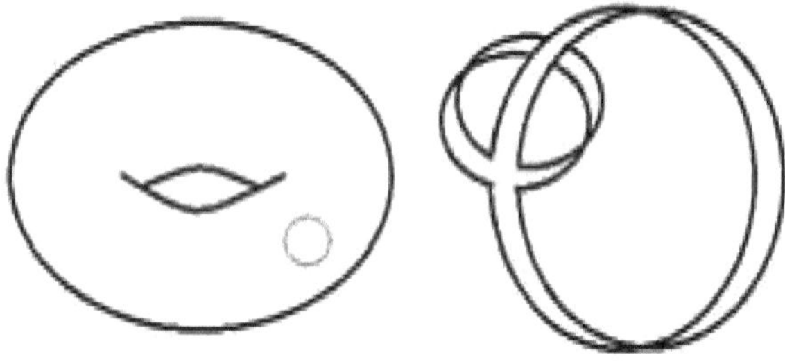

Toro e outros objectos topológicos.

Se assumirmos que, enquanto estamos a quebrar o buraco, estamos numa fronteira alargada do toro. Estas camadas são frequentemente designadas por camadas limite e ocorrem frequentemente na descrição de materiais, uma vez que são muito importantes para o seu comportamento global. Assumindo uma camada limite, existem muitas oportunidades:

- A primeira hipótese; abrir um buraco no toro, altera de facto o universo de tal forma, que este não é o mesmo que antes, e o que queríamos investigar.
- Outro, verificado pelos resultados dos próximos capítulos 4-6, é o facto de ser constituído por subespaços com fluxos, não necessariamente densos, ou seja, não cobrindo toda a fronteira, pelo que é muito possível entrar

Estou no céu. E as preocupações que me rodearam durante a semana. Parecem desaparecer, como a sorte de um jogador. Quando estamos juntos, a dançar c 2 c

Tori? Simpson num limite de donuts. No entanto, aqui considerámos apenas um donut, e não vamos afirmar ou mostrar que existem tori em subescalas de um toro, mas essa é uma questão para estudos futuros.

Conclusão

Enquanto a homologia e a cohomologia se dirigem a uma matemática mais abstrata, introduzimos a palavra corpo-homologia quando se trata de um objetivo real.

O mapeamento de um toro topológico num corpo deformante foi efectuado com uma matriz H=zeros(3), H(1)=a, H(2)=1/a, H(3)=1 on $(\phi_1, \phi_2, 1)$.

Capítulo 4

Supervariedade com propriedades intrínsecas que emanam de uma subvariedade com incerteza e quantificação.

Palavras-chave: Surr, Supermalha, número de enrolamento, quântica, incerteza, Superficie, L-flow-torus

Introdução

Se pudermos observar o movimento a olho nu (por exemplo, oscilação e rotação livre), é natural dizer que é suave e que o vemos sempre. No entanto, ao envolver ideias como a mudança do centro de massa de um corpo com uma fronteira distribuída (por exemplo, camadas de ar que rodeiam a bola de golfe ou partes do manto de Mercúrio), isto introduz imediatamente outro mecanismo noutras escalas de tempo. Verifica-se que tais propriedades se organizam intrinsecamente em soluções harmónicas e outros efeitos; por exemplo, acoplamentos de frequência em acústica e a relação spin-órbita 3/2 para Mercúrio, Correia e Laskar (2004). Como se verá, isto pode ser descrito com a mecânica quântica, assumindo um subnível, no qual as mudanças de ângulo não são suaves, mas determinadas por um quantum.

Subvariedade e supervariedade

Com um ângulo composto f^, e assumindo uma circunferência para f, devido à geometria, serão analisadas as propriedades utilizadas em matemática. As diferenciais podem definir uma variedade, localmente, e esta não precisa de ser mais especificada, em termos de métrica e outras álgebras. Neste caso, assumimos uma tal variedade e que a dimensão de Af é dada como um quantum, por exemplo surr, do Capítulo 2. A partir deste subnível será definida uma variedade suave.

Definição: Supermalha. O prefixo Sub é utilizado para um espaço diferencial. Em relação a isto, o espaço ou coletor acima referido será designado pelo prefixo Super[1].

[1] não confundir com o livro de Erland Loes "Naiv Super" ou "Stilla dagar i mixing

part", que é uma tradução do Google de "Garmish PartenKirchen".

Incerteza e quantificação

As afirmações seguintes parecem naturais e actuais.

*A suposição de que a sur implica uma incerteza no ângulo.

*A energia pode reger o movimento, sendo libertada como um quantum, por exemplo, quando uma superfície muda de forma

Número do enrolamento

Em topologia, o número de enrolamento é definido como o número de vezes que uma curva circula em torno de uma origem.

Exemplo. Seja n o número de enrolamento, e dn a diferença de dois desses números, dando uma incerteza.

Teorema: A incerteza relativa no número de enrolamento dn/n da rotação orbital da Terra é menor do que surr.

Prova: Os anos diferem com um dia, de tal forma que dn/n= 1/365

Exercício: Comparar a incerteza do teorema com a excentricidade relativa da Terra e a sua evolução no tempo.

Discussão

Foi defendido, cf. também Strömberg (2016), que o surr, a incerteza, desempenha um papel significativo, não apenas como dissipação. Pelo contrário (possivelmente quando a energia está disponível), está a impulsionar o movimento dos subníveis.

Isto através da redistribuição de energia em, por exemplo, estados estacionários regidos por

- acoplamentos de frequência,
- trajectórias de órbitas não circulares,
- harmónicas
- ciclos
- e Tti

A magnitude de surr, depende provavelmente da diferença entre razões de números inteiros, e as subáreas varridas em movimento dependem de razões de n.

O ciclo, calculado no Capítulo 1, dá um número próximo de 3/2.

Tal como na mecânica quântica, também se dá uma mudança de ângulo quando se rodam ambas as direcções em torno de direcções diferentes. Isto fornece as definições de incerteza na mecânica quântica, em termos de definições frequentemente abstractas, com o suporte de Poisson a representar objectos, lembrando a transformação ortogonal não comutadora. Foi discutido o facto de a incerteza poder ter uma magnitude diferente para os acontecimentos celestes em comparação com os da acústica. É plausível que o quantum exato da energia e do ângulo disponíveis não seja tão importante, mas que uma parte suficiente seja transferida, de modo a que o movimento principal global, determinado a um super-nível (isto é, uma variedade acima da sub-rede e dos seus diferenciais e quanta), seja mantido, e a interação seja intrínseca e possa ser determinada dentro da super-rede. O determinismo é então dado pela memória, e conceitos relacionados com Tti e raio vetorial, quando não diferenciados.

Superficie

Definição. Uma *Superficie* é um superespaço com a mesma álgebra que o seu subespaço.

Conjetura. Toro de fluxo L. Consideremos o escoamento de um fluido isotrópico num espaço tangente, descrito em coordenadas cartesianas e incompressível (i.e. isocórico). Existe então um superespaço e, adoptando a álgebra de escalonamento de isotropia, trata-se de uma superfície, dada pelo toro. Com a mesma nomenclatura que para o subespaço, a superfície *não é* isotrópica.

Deforma-se de tal forma que o furo aumenta e diminui, enquanto a espessura fora do plano e a extensão circunferencial são alteradas. A deformação é dada pelo parâmetro de escala a, introduzido no Capítulo 3. É possível derivar um espaço simétrico, uma vez que o produto dos ângulos é constante.

Esta conjetura será facilmente esclarecida no próximo capítulo.

Donut de Simpson que se assemelha a um toro

Capítulo 5

Fluxo num toro

Os resultados do Capítulo 3 para um toro serão utilizados para derivar o fluxo e para provar a conjetura no Capítulo 4.

Teorema. Existem ^a eϕ_{2a} tais que um espaço tangente ao toro é cartesiano.

Prova. E.g. $\phi_{1a} = \phi_{2a}$ porque as tangentes num mesmo ponto são ortogonais.

Neste subespaço, assumimos fluxos descritos pela mecânica do contínuo habitual. A álgebra H, dada para o gradiente de deformação F, dá um fluxo isocórico detF=1. Adoptando também a isotropia, obtém-se uma dependência da deformação apenas a partir do invariante detF, que é uma razão de densidade escalar. De seguida, vamos considerar fluxos restringidos pela condição isocórica. Existem vários fluxos deste tipo, por exemplo

- Pilha
- Ondas
- Redemoinhos

Exercício 1. Na mecânica do contínuo, H pertence a um chamado grupo de isotropia, que define um fluido. Dê alguns exemplos de tais mapeamentos.

Solução. $H=F^{-1}(\det F)^{1/3}$ e H do Capítulo 3, num sistema cartesiano.

Exercício 2. Mostre que a condição isocórica, juntamente com a isotropia, implica div u=0; o chamado escoamento incompressível.

Em conclusão: Um toro real, com deformação escalar, pode emanar de fluxos em subespaços.

Em seguida, abordaremos esse escoamento, que é também uma solução para o problema de Navier-Stokes do Prémio do Milénio, formulado em 2000 pelo Clay Math Institute e por Charles Fefferman.

Fluxo de empilhamento

Soluções de fluxo de empilhamento para equações de Navier-Stokes, com condição isocórica

L Stromberg, correio eletrónico: lena_str@hotmail.com

Anteriormente Dep. de Mecânica dos Sólidos, Instituto Real de Tecnologia, KTH

Resumo: São consideradas soluções para as equações de Navier-Stokes. Estas consistem num escoamento transiente do tipo Pile-Up. É apresentada uma prova para mostrar que as funções de fluxo satisfazem as condições de fronteira no infinito. A prova para as derivadas espaciais da velocidade, u, e da força, f, baseia-se na decomposição de uma função exponencial, Cauchy-Schwarz e indução.

Palavras-chave: Navier-Stokes, Prémio do Milénio, Escoamento de Pile Up, Pile-Up de Lena, Teorema, Prova, decomposição, Cauchy-Schwarz, indução, função exponencial, velocidade, coordenadas

Introdução

No presente contexto, serão consideradas as soluções para a equação de Navier-Stokes tal como formuladas no Prémio do Milénio e serão utilizadas as notações do problema do prémio do Clay Mathematics Institute [1].
As equações têm várias soluções que descrevem as propriedades físicas dos fluidos e dos escoamentos.

Para o caso estático, haverá uma pressão p quando existe uma força externa devida à gravidade. Esta é linear em profundidade e resulta em flutuabilidade, para objectos no fluido.

Para um escoamento estacionário, numa linha de fluxo, a propriedade $p + \rho u^2/2$ permanece

constante, o que é conhecido como o princípio de Bernoulli, BP. Assumindo isto, em conjunto com outras soluções, o BP lineariza a equação. Em aplicações industriais, as bombas são dotadas de caraterísticas em termos de curvas de pressão de caudal Stromberg (2007). O resultado é o BP, com perdas devidas ao atrito nas paredes e ao amortecimento.

Por exemplo, um turbilhão, caracterizado pela sua pressão, gradiente de pressão e velocidade do vento, é uma formação de fluxo sujeita a diferentes condições de fronteira, quando se desloca em fluxos circundantes variáveis. No mar, a energia é recolhida da água quente da superfície. Ao entrar em terra a partir do mar, a CB muda, de tal forma que a pressão diminui e a velocidade do vento aumenta.

No presente contexto, centrar-nos-emos no fluxo, que consiste nos chamados amontoados transientes.

Soluções

Fluxo de empilhamento

Para cumprir os requisitos de incompressibilidade e os requisitos (A) [1], consideramos um escoamento tal que u é transiente e diminui com as coordenadas espaciais como $\exp(-br^2)$, where $r^2=x*x$.

Teorema 1. Uma solução que satisfaz os requisitos (A) é $u_1=x_2x_3\exp(-br^2)\exp(-at)$, $u_2=x_3x_1\exp(-br^2)\exp(-at)$, $u_3=-2x_1x_2\exp(-br^2)\exp(-at)$,

Este fluxo será designado por fluxo Lena Pile-Up.

Prova. Uma vez que não há restrições às funções f e p, exceto a continuidade das derivadas e que Navier-Stokes deve ser cumprido, há várias possibilidades. Por exemplo, seja f tal que $f=f_l+f_{nl}+f_p$ onde fl

equilibra os termos lineares da velocidade, fnl equilibra os termos não lineares da velocidade e fp equilibra o gradiente de pressão. Outra possibilidade é que p equilibre os termos não lineares de modo a que BP seja cumprido/satisfeito, ou seja, $p + \rho u^2/2$ é constante, e f equilibre os termos lineares na velocidade (devido à viscosidade e à inércia).

Prova pormenorizada da regularidade exigida

Por regularidade, entende-se "o grau de continuidade das funções", por exemplo, C^2, significa que duas derivadas são contínuas e limitadas. Deve mostrar-se que as soluções são C^{inf}, o que significa que as funções e todas as suas derivadas devem ser limitadas, ou seja, mais pequenas do que a função de uma esfera dada em [1].

Para a derivada, basta considerar o "maior" termo, ou seja, quando a função exponencial no produto é diferenciada. Por simplicidade, omitiremos o fator b, na prova.

Teorema 1. O Lena Pile-Up, juntamente com as preliminares acima para f e p, cumpre os requisitos de [1].

Prova. Regularidade, tal que todas as derivadas e funções são limitadas em R^3: A prova baseia-se na decomposição, na desigualdade de Cauchy-Schwarz e na indução.

Seja w a j:ª derivada multiplicada por exp(r).

Então podemos escrever a (j+1):ésima derivada como exp(-r)*xi*w

Assumir que w é limitado (ou seja, mais pequeno do que a função especificada em [1]). Note-se que esta hipótese implica que a j:ª derivada é "ainda mais" limitada.

Devido a Cauchy-Schwarz, a (j+1): ª derivada, é limitada se vi= exp(-r)*xi for limitada.

Como exp(-r) é muito decrescente, vi é obviamente limitado, mas será dada uma prova pormenorizada, porque também fornecerá a regularidade para a derivada 0:th, que é necessária para a indução.

O termo "maior" para a derivada de vi é (xj/r)xi exp(-r). A avaliação da norma e a utilização de Cauchy-Schwarz dão

$$|(x_j/r)x_i \exp(-r)| \leq |sgn(x_j/r)| \, |x_i \exp(-r)| \leq |x_i \exp(-r)| = |v_i|$$

ou seja, é menor do que a norma de vi, o que prova que vi é limitado.

A 0:ª derivada é a velocidade uk, que pode ser decomposta como

$u_k = (\exp(-r)*x_{ji})(\exp(-r)*x_i)$, ou seja, um produto de duas funções do tipo vi.

Para completar a prova, utilizamos a indução e as propriedades pré-assumidas para a j:ª derivada.

Assim, a norma da (j+1): ª derivada, é um produto de duas normas de funções limitadas em R^3, e assim a própria derivada tem as caraterísticas desejadas. *Qed*

Exercício. Analisar a função sobre esferas, através da determinação do máximo e de um gráfico.

Observação. Para explicar o chamado Pile-Up, consideramos a restrição a x1=0. O escoamento é então unidimensional e "empilha-se" num ponto, por exemplo (0,1,1), uma vez que o escoamento resultante do movimento das partículas materiais que se encontram atrás, por exemplo em (0,½, ½), , tem uma velocidade superior à do ponto atual.

Conclusão

A solução com o campo de velocidade Pile Up foi publicada em 29 de dezembro de 2012, num sítio Web, mas sem a prova detalhada. Na prova do cumprimento das condições no infinito, a regularidade foi demonstrada com uma decomposição do termo exponencial. Depois utilizámos a desigualdade de Cauchy-Schwarz para as normas (por exemplo, a norma 2) e a indução. O significado geral é dado a seguir.

Prova por indução: Assumir que a afirmação é válida para j:th derive.

Mostre que então é válido para a (j+1):ª derivada. Então (quando também é válida para a 0ª) por indução, é válida para todas as j.

Capítulo 6

Luz num toro

Palavras-chave: equipresença, n/2, fluxo Lena-Pile-Up, visualização discreta, Charles IV, figura estelar, Charles Vain

Introdução

As representações e os reflexos podem aparecer como rectangulares e bidimensionais nas superfícies. Tais formações são (consistentes com) sombras criadas por luz com pequeno comprimento de onda comparado com o tamanho do objeto, e as de uma imagem num ecrã formada por pixels quadráticos. Desde que foram criadas, têm matéria, mas na Terra, isto não é muito abordado, enquanto na astronomia, a presença da chamada matéria escura, é um campo gigante estabelecido. Na Terra, sabe-se que as sombras seguem o objeto e os reflexos seguem o observador.

Reflexão na água, Inga-Britt Callenryd

Com a estrutura derivada nos Capítulos anteriores e a homologia cartesiana, vamos derivar a constelação de 4 estrelas, como uma imagem discreta num toro. Depois, para obter as estrelas, consideramos uma subvariedade com uma medida induzida a partir da supervariedade.

Observando a figura estelar como um objeto cartesiano de 2 dimensões, mas incorporado no toro, obtém-se o ponto 4. Além disso, a expansão de Taylor em S(2016) e o zero para o cosseno fornecem $\pi/2$, que é o ângulo relativo entre 4 pontos discretos.

A homologia com coordenadas cartesianas, a simetria, bem como o ângulo multiplicativo na função trigonométrica sugerem uma medida $\phi_1\phi_2$ no toro. Com a equipresença do número $\pi/2$, o produto é igual a $\pi^2/4$.

Observação. Esta é também a função de Riemann ζ-$\zeta(2)$.

Exercício. Discuta o ponto para o caso especial, quando a é próximo de 1. *Solução.* Um buraco estreito num toro distorcido, e a fronteira circunferencial externa é ainda esférica.

Visualização do fluxo de empilhamento

No Capítulo 5, foi derivado um fluxo que é uma solução para o problema do Prémio do Milénio, Navier-Stokes. Suponhamos que essa solução se apresenta como manchas discretas num toro, em coordenadas cartesianas, Figura 6.1.

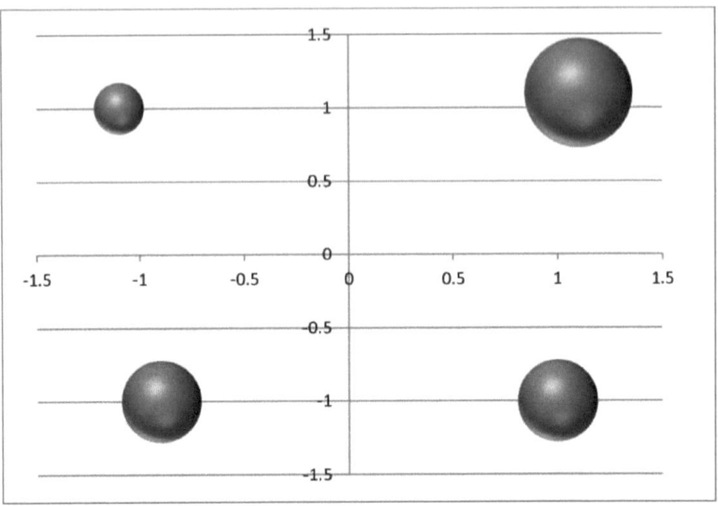

Figura 6.1. Carlos IV. Os caudais também podem ser apresentados como discretos. Neste caso, assume-se tacitamente que a visibilidade apresentada com o tamanho depende da velocidade.

Os objectos são assumidos em pontos

(1.1, 1.1, e)

(-1.1, 1, 0)

(-0.9, -1, e)

(1,-1, e)

Com a solução para Lena Pile Up, Capítulo 5, a velocidade fora do plano tem um valor maior para o ponto superior esquerdo do que para os pontos inferior esquerdo e inferior direito.

Esta visualização será designada por "Charles IV", uma vez que se assemelha à figura da estrela Charles vain.

O brilho, a luminosidade e as localizações das estrelas podem ser analisados com base em medidas e cerc...

Exercício.

Calcule o vetor velocidade e discuta as magnitudes.

Solução. Dica. Comparar com a solução, Capítulo 5.

Para o ponto superior esquerdo, a velocidade no plano é zero. Para o ponto superior direito, a norma 2 é a maior, que aqui é apresentada como uma bola maior.

Capítulo 7

Curvatura, buracos e textura no universo

Sobre a relatividade misteriosamente muito limitada

A sociedade da engenharia pode concordar com partes da relatividade geral. Estas são o facto de a gravidade curvar o espaço (e depois, com relutância, se forçada a dizer alguma coisa sobre a velocidade da luz, seria que "se for constante, só o é no vácuo").

Por isso, as interpretações da relatividade geral com equações têm muitos inconvenientes. Por exemplo, se o espaço curvo for comparado com o dos planetas, existe uma subestrutura para a rotação sideral, pelo que, se for limitada a essa superfície, a curvatura é completamente diferente.

Muitas apresentações introduzem uma medida neste espaço curvo pré-assumido, que se baseia no invariante de Lorenz. A medida é dada por algo relacionado com o raio (que seria uma trajetória da superfície se multiplicada por um ângulo) menos a trajetória dada pela luz. Assim, obtêm uma trajetória relativa a uma superfície criada pela velocidade da luz, que inicialmente assumiram como a velocidade máxima. Em conclusão: As coisas fixam-se a uma superfície com a velocidade máxima e depois deslocam-se ainda mais, ao longo dessa superfície. Além disso, esta medida é designada por métrica, o que é enganador, uma vez que a métrica em geometria diferencial é um fator bidimensional relacionado com a escolha do sistema de coordenadas.

Outra interpretação da medida é a de uma esfera em expansão. A partir daí, fazem muitos cálculos, para obter este suposto resultado para todo o universo.

Supostamente, isto é descritivo para expansões, por exemplo, na massa crítica, para pulsações em feixes de laser coerentes e para a luz como emissor de luz também noutras direcções com o princípio de Huygens.

Buraco negro

A caraterização dos buracos negros é distinta e mais clara. É classificada como

Horizonte de eventos, entrada de luz e visão do observador

No entanto, também neste caso, é estranho porque modelam o buraco como uma esfera e introduzem a gravidade universal ad hoc, como uma restrição geométrica adicional.

Em seguida, a visão do observador de um buraco negro será discutida com os conceitos de órbitas não circulares S(2016).

Luz que se move em órbitas não circulares

Se houver um buraco espacial, a trajetória descrita perto de um olho é aplicável

A luz também pode mover-se para criar um buraco, por simetria com, para Vn/2-projeção, de modo que uma velocidade dirigida a partir do observador, aparecem como a partir de um ponto negro. Entre estrelas em figuras estelares, os astrónomos observam buracos negros.

O conceito de órbitas não circulares pode ser um instrumento de análise dos buracos negros. Eles podem estar mais próximos do que se estimava até agora. Talvez haja também uma pista sobre a forma como a rotação sideral e o movimento do centro de massa interagem. Poderá ser mais intrínseco do que nas descrições habituais, que assumem uma camada limite com fluxos no ar circundante. No capítulo anterior, verificou-se que a velocidade relativa num toro dá origem a turbilhões planos. As partículas não têm dof para rodopiar, mas no Cern, um modelo para vorticidades que atinge a aceleração angular a partir da interação com as partículas, é utilizado em várias aplicações, c.f. W e K (2001), van Reez et al (2013).

Exercício. Visualize a distribuição de densidade num buraco negro com p de Avd S(2015).

Solução. Assumir um dep numa coordenada radial, e ângulo. Com o código matlab, o campo de densidade é gerado e mostrado como um gráfico de superfície, Figura 7.1.

figura(1)

```
rr=[0:0.05:3];
t=3*rr;
f=2; w=1;q0=1;
q= q0*exp(rr'*2*sin(f*w*t));
```

malha(q)

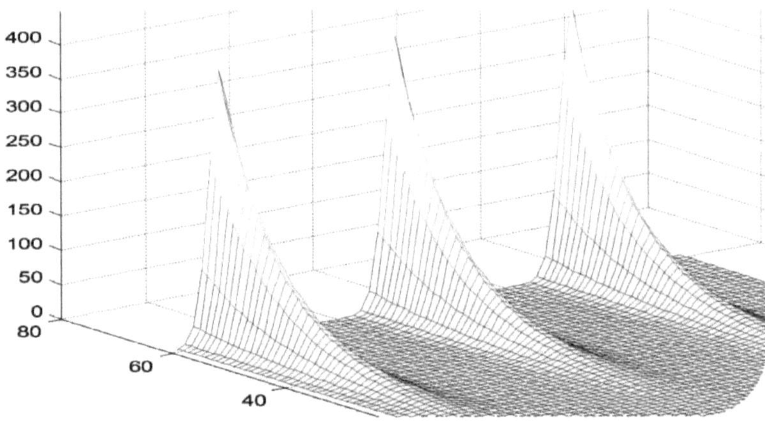

Figura 7.1 Distribuição da densidade, decrescente com o aumento do raio e periódica na direção angular.

Para um f muito maior ou muito menor, e para um eixo angular circular, a grande densidade estará no centro de um buraco e distribuída num círculo com o ângulo $0\text{-}2\pi$. . Não haverá um horizonte distinto na direção radial. No entanto, entre os picos, a densidade será pequena, com uma periodicidade para f suficientemente maior, como se pode ver na Figura 7.1.

Para um f 'moderado', f=7, esta densificação interior com feixes para o exterior pode servir de modelo para uma mancha estelar, de 2cm, numa superfície metálica, cf. Figura 7.2. Tem cerca de 14 feixes, e este número é também observado para a atual imagem de fundo do PC! Não mostrada aqui, é um pôr ou nascer do sol num vale de uma montanha, ligeiramente coberto de neve. Outros efeitos de feixe são mostrados nas Figuras 7.3 e 7.4.

Figura 7.2 Mancha "estrela" com cerca de 14 feixes criados pela luz solar numa superfície metálica. Identificando a 'luz' com uma densidade, a função p em Avd, fornece esta distribuição.

Como existe um livro sobre Simpson e a matemática, de Singh, pode haver algum conteúdo científico no donut da Figura 7.3.

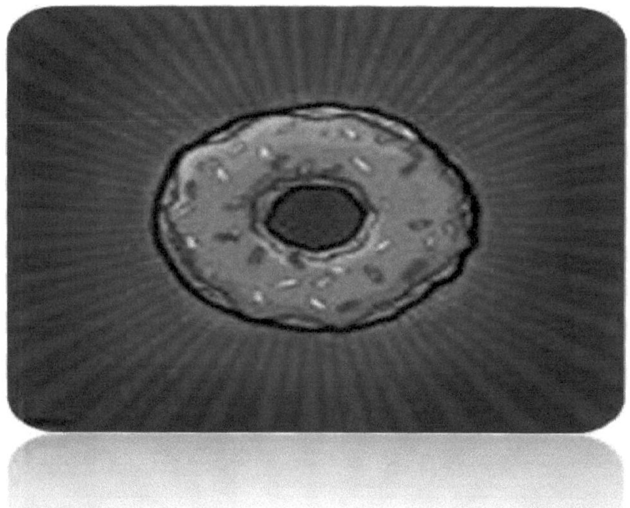

Figura 7.3. Um donut de Simpson com vigas.... Embora aqui não tenhamos afirmado nem demonstrado que uma fonte de luz encarnada como uma subestrutura num toro também é um toro, mas esse é de facto um tópico para estudo adicional.

Figura 7.4. Outro efeito de irradiação, em foto do Norte da Noruega, por foto de um amigo do FB.

O professor de Fb Yassir, na sua empresa autodiag, em Riade

Soliton? Se descrito como densificação solitonial no plano, um requisito sobre incompressibilidade pode dar que uma onda suba, para distribuir o aumento da densidade é o espaço. Foto de Dr. Medicina Veterinária, Rebbah, Argélia, escrevendo aforismos e contando sobre gatos, para livro anterior.

Horizonte com dois sóis

Capítulo 8

Epílogo

Extrapolação para obter uma Superficie

Surpreendentemente, a prova de regularidade para o escoamento de Lena Pile-Up em Navier-Stokes, Capítulo 5, contém uma caraterística relacionada com a manutenção da oscilação estável no Capítulo 2.

No Capítulo 5, com as derivadas "interpretadas" como diferenciais, procura-se uma homologia com subespaços. Aparentemente, os subespaços podem ter uma dependência exponencial crescente, se considerarmos a função construída na Prova, como relacionada com a física.

Em ligação com o ângulo de amplitude do capítulo 2, este poderia ser considerado como um diferencial. Então, poderia haver um "movimento" de nível superior com muita regularidade, para suportar o crescimento exponencial. Utilizando a nomenclatura do capítulo 4, o nível superior é uma Superficie.

Se assim for, a Superficie terá transientes mais rápidos $\exp(-t^2)$. A discretização no tempo é presumivelmente diferente da discretização na subescala, de tal forma que a Superficie é discreta, com uma maior rugosidade. Também pode acontecer que o tempo não apareça apenas como tempo, mas como outra coordenada composta, por exemplo, juntamente com a frequência do relógio, o espaço e a viscosidade.

Este comportamento é encontrado para redemoinhos num subnível, criando ondas caracterizadas por viscosidade num nível superficial.

Além disso, o toro, criado por turbilhões, é constituído por coordenadas compostas dadas por ângulos e pelo parâmetro a no Capítulo 3.

Um crescimento rápido do ângulo também pode ser modelado com dinâmica não linear, num Hamiltoniano para o hidroavião, cf. Capítulo 2. Fisicamente, o comportamento é o de um decaimento invertido, quando o barco choca com a água. Aqui, uma homologia com o espaço-tempo torna-se muito concreta, em termos de uma superfície de água.

Para o MC-biking, é mais intrínseco, e possivelmente para um pêndulo matemático, em vibrações forçadas, a deflexão máxima tem certos valores discretos no funcionamento ótimo.

Homologia para uma Supernova.

Assumindo a solução como tal para uma coordenada no toro, obtém-se a faixa, vista a vermelho na Figura 8.1.

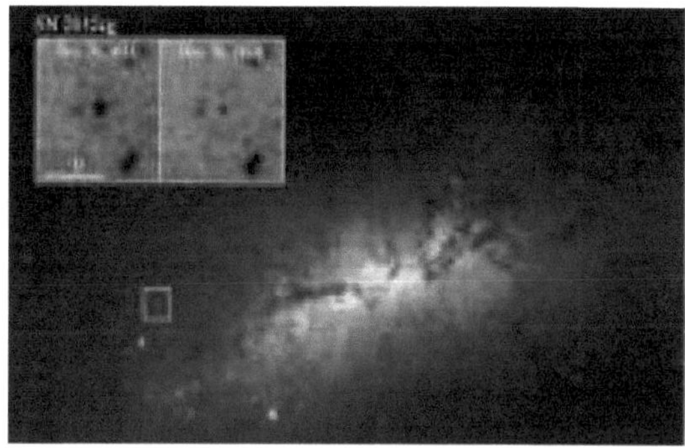

Figura 8.1. Textura de uma supernova

Bom dia, brilha a estrela, a terra diz olá

Tu brilhas em cima de nós, nós brilhamos em baixo...

Quando estava a explicar as soluções para as constelações de 4 estrelas, recebi uma pergunta de um colega:

Porque é que na Terra, haveria tori no céu?

Para isso, há uma resposta neste livro; nomeadamente o escoamento isocórico. Para ser ainda mais específico; escoamento incompressível de fluidos isotrópicos. As soluções discretas, em qualquer dos níveis, podem aparecer como estrelas.

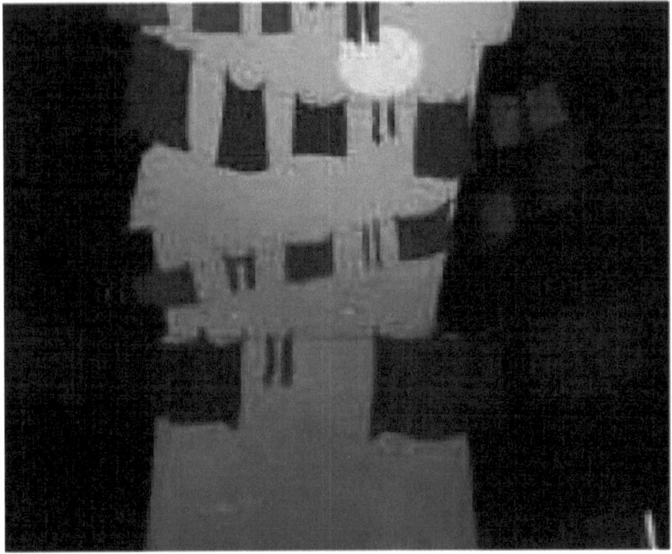

Figura 8.2. L'heure bleu, com lua e estrelas cintilantes por cima

REFERÊNCIAS

Arnold V.I (1973). Ordinary differential equations. MIT press 10ª impressão 1998.

Arnold V.I (1978). Mathematical Methods of Classical Mechanics (Graduate Texts in Mathematics, Vol. 60), Springer, 2nd Edition 1989.

Auricchio F, Mielke A, e Stefanelli U (2008). Um modelo independente da taxa para a evolução quase-estática isotérmica de materiais com memória de forma, *Math. Models Methods Appl. Sci.* 18, 125.

Correia A, Laskar J (2004). *A captura de Mercúrio na ressonância spin-órbita 3/2 como resultado da sua dinâmica caótica.* Nature 429, 848-850.

Fulton W . (1997) Algebraic topology. Um primeiro curso. capítulo 8, pp 106, Springer

Gurtin ME, Podio-Guidugli P (1996). Forças configuracionais e as leis intrínsecas para a propagação de fissuras. J. Mech. Phys. Solids, 44(6): 905-927.

K.Runesson, F.Larsson, P.Steinman; On energetic changes due to configurational motion of standard continua, *Int.J.of Solids and Structures*, **46(6)**, 1464-1475 **(2009)**.

No texto, abreviado S(ano)

Strömberg L (2008). Um caso especial de equivalência entre plasticidade não local e plasticidade gradiente numa formulação unidimensional. *International Journal of Engineering Science - INT J ENG SCI ,* vol. 46, no. 8: 835-841.

Strömberg L (2007). Formações de matéria, luz e som descritas com o princípio de Bernoulli. 10th ESAFORM Conference on Material Forming, Pts A and B /[ed] Cueto, E; Chinesta, F, MELVILLE: AMER INST PHYSICS , 2007, Vol. 907, 53-58 s.

Strömberg L (2014). Um modelo para órbitas não circulares derivado de uma linearização em duas etapas das leis de Kepler. Journal of Physics and Astronomy Research 1(2): 013-014.

Strömberg L (2015). Modelos para localizações no sistema solar. J. Phys. Astron. Res. 1(2): 054-058.

Strömberg L (2015). Descrições de ondas mecânicas para planetas e campos de asteróides: Modelo cinemático para ondas de maré na Terra.

Journal of Physics and Astronomy Research, 2(2): 067-069.

Strömberg L (2015). Movimentos para sistemas e estruturas no espaço, descritos por um conjunto denotado Avd.Teoremas para implosão local; Li, dl e velocidades angulares. Journal of Physics and Astronomy Research, 2(3): 070-073.

Strömberg L (2015). Hipergravidade derivada da densidade-Le e aplicada a um modelo de explosão. Análise das constantes universais da gravidade e da luz em conjunto com o espaço J. Observações para a Luz Lateral num Buraco Adjacente a Linhas de Cores Diferentes Comparação com o Olho em Termos de Íris e Composição Azul Análise da Luz Monocromática. Revista de Investigação Científica e Ensaios 1(2)

Strömberg L (2016). Results for noncircular orbits, LAP Lambert Academic publishing, Alemanha. ISBN-13 978-3-659-85218-3

Tegmark M (2014). Vart matematiska universum. Volante

van Rees W.M, Gazzola M, Koumoutsakos P (2013). Formas ótimas para nadadores anguiliformes em números de Reynolds intermediários. Jornal de Mecânica dos Fluidos, 722.

Walther J.H , Koumoutsakos P (2001). Métodos de vórtice tridimensionais para fluxos carregados de partículas com acoplamento bidirecional, J. Comput. Phys., 167, 39-71. D.L.Hough; *Proficient motorcycling: The Ultimate Guide to Riding well*, 2nd Edition, USA: BowTie Press, 253 **(2000)**.

J.Tillberg, F.Larsson, K.Runesson; Sobre o papel da dissipação de material para a força de condução de fissuras, *International Journal of Plasticity*, **26(7)**, 992-1012 **(2010)**.

F.G. Tricomi, *Integral Equations*, Interscience Publishers, NY, 1957 (1985) Dover edition, pp. 116-118.

Charles Fefferman.

http://en.wikipedia.org/wiki/NavierStokes existência e suavidade

http://www.claymath.org/millennium/Navier-Stokes_Equations/

Printed by Books on Demand GmbH, Norderstedt / Germany